童心筑梦·美丽新时代　冯俊　总主编

国家公园

金崑／分册主编　杨蔚　黎瑾／著

江苏凤凰少年儿童出版社　中共党史出版社

图书在版编目（ＣＩＰ）数据

国家公园 / 杨蔚，黎瑾著. -- 南京 : 江苏凤凰少
年儿童出版社 ; 北京 : 中共党史出版社，2023.7
（童心筑梦·美丽新时代）
ISBN 978-7-5584-2898-2

Ⅰ．①国… Ⅱ．①杨… ②黎… Ⅲ．①生态环境建设
－中国－儿童读物 Ⅳ．①X321.2-49

中国版本图书馆CIP数据核字(2022)第160170号

文中未标注出处图片经视觉中国、图虫创意网站授权使用

总 策 划　王泳波　吴　江
分册策划　陈艳梅　姚建萍

书　　名　童心筑梦·美丽新时代 – 国家公园
TONGXIN ZHUMENG · MEILI XINSHIDAI–GUOJIA GONGYUAN

作　　者　杨　蔚　黎　瑾
内文插画　刘腾骞
封面绘画　付　璐
责任编辑　瞿清源　刘天遥　赵　雨　赖　敏
美术编辑　王梓又
责任校对　徐　玮
责任印制　季　青
出版发行　江苏凤凰少年儿童出版社 / 中共党史出版社
地　　址　南京市湖南路 1 号 A 楼，邮编：210009
印　　刷　南京新世纪联盟印务有限公司
开　　本　889 毫米 ×1194 毫米　1/16
印　　张　8.875　插页 4
版　　次　2023 年 7 月第 1 版
印　　次　2023 年 7 月第 1 次印刷
书　　号　ISBN 978–7–5584–2898–2
定　　价　75.00 元

如发现质量问题，请联系我们。
【内容质量】电话：025-83658190　邮箱：quqy@ppm.cn
【印装质量】电话：025-83241151

总序言：尊重自然 顺应自然 保护自然

冯　俊

人是自然中生长出来的"精灵"，人是自然的一部分。

古希腊哲学家认为，生命起源于水，大地浮于水上。大海是生命的源泉，也是人们生活劳作与贸易交往的场所。中国的先哲认为，"天人合一""人法地，地法天，天法道，道法自然"。

人类发展到今天已经走过了原始文明、农业文明、工业文明几个阶段，正在迈入生态文明阶段。在文明的不同发展阶段，人类对自然的认知，与自然的关系是不一样的。

在原始文明阶段，人类学会适应自然，在自然界获取食物，求得生存和种群的繁衍，在应对各种自然灾害和其他动物的攻击中幸存下来。在农业文明阶段，人类适应自然时令的变化，尊重自然的规律，在劳动中建立了与自然的互动关系，自然给人类的劳作以馈赠，人类对自然充满感恩，并且欣赏自然的美。"采菊东篱下，悠然见南山""稻花香里说丰年，听取蛙声一片""疏烟沉去鸟，落日送归牛"，人和自然汇成了一曲田园牧歌。

近代欧洲哲学有两位重要的开创者：一位是英国经验主义哲学家弗兰西斯·培根，他提出"知识就是力量"，知识是人认识自然、改造自然的力量；一位是法国理性主义哲学家笛卡尔，他提出"人是自然的主人和拥有者"。他们都认为人类可以认识自然、利用自然为人类自身造福，他们高扬了人的主体地位，展现了启蒙精神。随着工业革命和科学技术的广泛应用，人类进入工业文明时代，人和自然的关系发生了重大的变化。人与自然的关系成为认识—被认识、开发—被开发、改造—被改造、利用—被利用的关系，人充满着"人定胜天"的自信，陶醉于对自然的"胜利"，认为自己已经成为自然界的主宰，成为自然的中心。然而，人类对自然的每一次"胜利"，都可能受到自然的更为严厉的报复和惩罚。"人类中心主义"导致自然越来越不适合人类的生存，科学技术至上的后果是科学技术制造出会灭绝人类自身的武器。

生态文明时代，人类从人人平等、尊重人、爱护人推及人和自然应该平等相待，人应该尊重自然、爱护自然，认识到人不是自然万物的主宰，而是它们的朋友和邻居，产生了尊重一切生命的"生命伦理"和尊重自然万物的"生态伦理"。

走向生态文明新时代，建设美丽中国，是实现中华民族伟大复兴中国梦的重要内容。人民对美好生活的向往要求我们树立尊重自然、顺应自然、保护自然的生态文明理念，形成绿色的生产方式、生活方式。"绿水青山就是金山银山"，我们不仅要建立我们这一代人的公平、正义的社会环境，还要注重"代际公平"，为子孙后代留下天蓝、地绿、水清的生产生活环境，让每一代人都能过上美好的生活。

　　江苏凤凰少年儿童出版社、中共党史出版社联合出版的"童心筑梦·美丽新时代"丛书是对少年儿童进行生态文明教育的好读本，通过《绿水青山》《美丽海湾》《国家公园》《零碳未来》几本书展现了人与自然和谐共生、保护海洋、保护生物多样性、减污降碳的全景画面，让少年儿童认识祖国的绿水青山和碧海蓝天，领略祖国的美和大自然的美，激励少年儿童为建设人类共同的美好未来而学习和奋斗！

（作者系原中共中央党史研究室副主任，
中共中央党史和文献研究院原院务委员）

为孩子们种下保护自然的种子

金　崑

　　中国幅员辽阔，陆海兼备，地貌和气候复杂多样，孕育了丰富而又独特的自然生态系统，是世界上生物多样性最丰富的国家之一。当前，全球生物多样性丧失和生态系统退化对人类生存和发展构成重大风险。为了给子孙后代留下宝贵的自然遗产，保护自然生态系统的原真性和完整性，保护生物多样性，从 2013 年起，我国开始建立国家公园。

　　国家公园是我国自然生态系统中最重要、自然景观最独特、自然遗产最精华、生物多样性最富集的部分，具有全球价值和国家代表性，具有国家象征，代表国家形象，彰显中华文明。国家公园生态保护第一，兼具科研、自然教育、生态体验等综合功能。来到国家公园，可以让我们感受到祖国大好河山的雄浑和壮美，让我们享受到大自然的馈赠和天蓝地绿水净、鸟语花香的美好景色。

　　国家公园是全国人民共同的财富，是人与自然和谐共生以及我们亲近自然、探索自然的绝佳之地。2021 年 10 月 12 日，我国正式设立三江源、大熊猫、东北虎豹、海南热带雨林、武夷山首批 5 个国家公园。

三江源
国家公园

三江源国家公园，这片深藏在青藏高原腹地的神秘土地，平均海拔 4500 米以上，园区总面积比其他四个国家公园加起来还要大，是国家重要的生态安全屏障。

■ 航拍青海黄河源头／图片来源 视觉中国

中华水塔

大诗人李白曾经高歌"黄河之水天上来"。其实，除了黄河，三江中的另外两江，长江和澜沧江也皆是"天上"水。因为它们的源头都在世界"第三极"——青藏高原。三江源，就像一座高耸在中华大地上的巍巍高塔，以清澈的雪域净水，源源不断地滋养着中华儿女，孕育出上下五千年璀璨而丰富的文明。

生态链接

三江流域概览

　　黄河、长江和澜沧江的源头都在世界"第三极"——青藏高原。不过，这并不代表三条江共享同一个源头哦！

黄河

长江

澜沧江

■ 澜沧江源头／图片来源 视觉中国

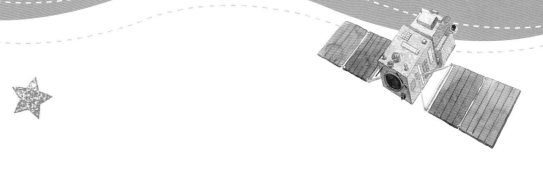

那么，三江源为何被称为"中华水塔"，东北森林中有多少"百兽之王"东北虎和"二大王"东北豹，动物园之外的野生熊猫"滚滚"们是怎么生活的，神秘的"雨林歌王"是谁，是什么造就了武夷山这片生命绿洲？本书通过通俗易懂的文字、精美生动的插图帮助我们解答以上有趣问题。希望读者朋友们都能通过了解国家公园感受祖国之美，在心中种下保护自然的种子。

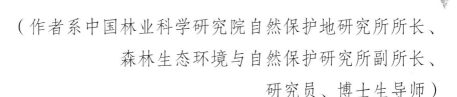

（作者系中国林业科学研究院自然保护地研究所所长、
森林生态环境与自然保护研究所副所长、
研究员、博士生导师）

目 录

千变万化的河流

三江源的流水与地势地貌相互作用，姿态万千。

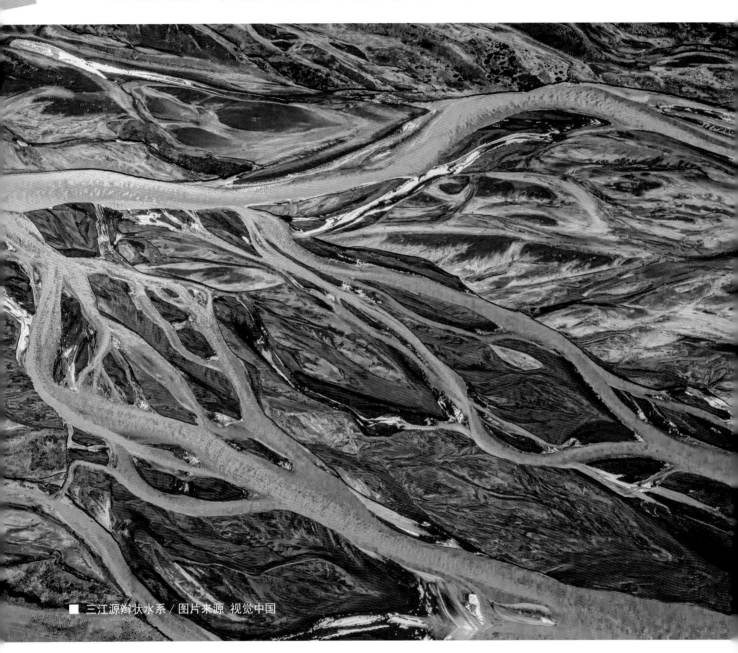

■ 三江源辫状水系／图片来源 视觉中国

在河谷山地，河道宽而浅，弯曲度小，分分合合，像小姑娘的辫儿，被称为辫状河。

流淌在玉树草原上的通天河像不像一条蜿蜒的巨蛇？它古称"牦牛河"，就是《西游记》里唐僧师徒取经时两次得老龟相助渡过的那条河。

■ 青海玉树通天河风光／图片来源 视觉中国

在高山峡谷区，水深流急，落差高，"拐弯"多，流水就像蛇蜿蜒疾行，也称"蛇曲"。

熠熠生辉的湖泊

　　在高原湛蓝的天空之下，大大小小的湖泊仿佛一颗颗蓝宝石，散落在雪山草甸之间，静谧却熠熠生辉。

▲　扎陵湖

▲　冬格措纳湖

▲ 星星海

▼ 鄂陵湖

温润幽静的湿地

　　三江源中西部和北部为河谷山地，有很多宽阔而平坦的滩地，因冻土发育、排水不畅，形成了高原草甸和沼泽湿地。

▶ 三江源湿地风光

青藏高原湿地风光

▲ 青海玉树三江源湿地风光

生态链接 🔗

地球的三大生态系统

森林被誉为"地球之肺"，呼吸吐纳间净化空气，维系着氧气与二氧化碳的平衡。

海洋是"地球之心"，如同心脏泵压血液，掌控着水循环。

湿地则是"地球之肾"，拥有强大的蓄水和水体自净能力。

浩瀚高寒的冰川雪山

昆仑山、巴颜喀拉山、唐古拉山等地势高耸的山脉矗立在三江源，山顶的积雪，经过年复一年的压实后，在自身重力及压力下运动形成了冰川，蔚为壮观。

■ 唐古拉山脉的雪山／图片来源 视觉中国

天然的水资源运转体系与大气环流共同作用造就了"中华水塔"。

冰川积雪

大气水

凝结

冰雪融水

蒸发

蒸发

海洋水

渗透

高寒生物自然种质资源库

充足的日照、充沛的水源、多样的地形地貌，让三江源成为无数珍稀物种的家园。

这片土地充满"野性"，许多重点保护动物生活于此。

这片土地生机勃勃，是大名鼎鼎的"高原植物博物馆"！

世界屋脊

长江、黄河、澜沧江的发源地

高原生态系统典型代表

雪豹

野牦牛

马麝

麦吊云杉

红花绿绒蒿

金钱豹

藏野驴

白唇鹿

黑颈鹤

石貂

藏原羚

藏羚

藏狐

金雕

剑唇兜蕊兰

棕熊

秃鹫

"野"性江源

白唇鹿：雪山之吻，高原神鹿

"白唇鹿的嘴唇为什么是白色的？因为它们每天都在亲吻雪山。"这是人们对于白唇鹿的浪漫解读。白唇鹿栖息于海拔3000米至5000米的森林灌丛、高山裸岩及高山草甸草原间，是所有鹿类里面最接近天空的物种之一。

它们还会变色，冬季体毛暗褐发红，有"红鹿"之称，到了夏天体毛却变成浅黄至黄褐色，它们又成了"黄鹿"。对了，别小看它们哦，它们可是能跟雪豹对峙的动物！

雪豹：雪域大萌猫

雪豹作为雪域高原上的顶级捕食者，处在食物链底端的食草动物们都逃不过它们的追捕。所以，雪豹的出现代表了高原生态链的完整，也反映了高原生态系统的平衡和稳定。

雪豹通常是"独行侠"，人们在野外架设了很多红外相机，想要一睹它们的真容。

2013年，中国启动了"中国雪豹保护优先行动计划"，越来越多的雪豹无忧无虑地生活在这片美好的土地上。

藏野驴：好奇、顽皮、奔跑如风的高原"挖井人"

博物学家乔治·夏勒曾描述说："它们疾驰在金色的草原上，尾巴在风中飘扬，脚步追逐着飞扬的尘土。突然间，它们像训练良好的骑兵一样猛地停了下来，排成一列看着我们经过。"

高原食水短缺，但聪明的藏野驴很擅长找水。它们会在河湾处找到地下水位比较高的地方，刨出半米多深的大水坑，当地牧民称为"驴井"。藏羚、藏原羚等动物常常跟着藏野驴跑，图的就是这么一口水。

藏野驴的"小跟班"

"高原精灵"藏羚

成年雄性藏羚都是"黑脸汉子"，头顶两根细长尖锐的角用于御敌。雌性藏羚没有角，个个都是擅长走远路的行者。

藏原羚

藏原羚生性胆怯而警觉，受惊时短小的黑色尾巴竖起，心形的白色臀部异常醒目。一旦发现有人靠近，它们会立即奔跑逃离。

野牦牛：忍饥耐寒的高原"隐士"

难得一见的野生牦牛是生活在人迹罕至之地的高原"隐士"，耐苦、耐寒、耐饥、耐渴是它们的本领。这些身披垂地长毛的大家伙的叫声和猪相似，所以当地人也称它们为"猪声牛"。

高原鼠兔

处在食物链底端的高原鼠兔是重要的生态警示者。如果鼠兔泛滥，会加快区域的荒漠化速度，导致河流补给量下降，水源断流，整个三江源的水系都将受到影响。

三江源国家公园的工作人员通过筑巢、架设鹰架等方式吸引猛禽控鼠，这些方法让三江源地区的草地覆盖率有了显著提高。

鹰

17

高原植物博物馆

　　植被是生态的基石。如果没有草，食草动物、食肉动物、食腐动物、微生物都会因为断粮而活不下去，加上水土流失、气候恶化，整个生态圈很快就会破碎，到最后，就真的只能剩下光秃秃的荒地了。由此，植物的重要性可见一斑。

华福花：濒危的青海特有种

　　太珍稀，太难得一见，连植物学家遇见了都舍不得摘下来做标本。如果能见到，一定会让你兴奋不已！

红花绿绒蒿：国家重点保护野生植物

　　花微微下垂，花瓣呈现耀眼的红色光泽，有较大的药用和观赏价值。

大果圆柏：傲然挺立的高原"勇士"

　　怕涝不怕旱，在贫瘠的高原也能成林。

雪灵芝：雪山精灵，人间仙草

雪灵芝是中国特有的高寒垫状、绿色开花植物。

高山绣线菊：最常见的灌木

它们是高原上保持水土、涵养水源的大功臣。

山莨菪：危险的迷幻药

莨菪，《本草纲目》中记载：其子服之，令人狂浪放宕，故名。山莨菪是莨菪的表亲，有毒，别乱吃！

鸡爪大黄

这种大黄能长得比人还高，产自甘肃、青海及青海与西藏交界一带海拔 1600 ～ 3000 米的高山沟谷中。

青藏铁路与"生命通道"

■ 青藏铁路／图片来源 视觉中国

　　雪域高原的人们需要现代交通设施连通外界，发展经济，步入现代化的生活，可造路修桥难免破坏高原脆弱的生态环境，阻断动物迁徙、行动的路线，火车、汽车跑起来时更是随时可能撞到横穿道路的野生动物……怎么办？我们好像又遇到了一个大问题。

　　青藏铁路的建设者们找到了好办法。

为了保障野生动物的正常生活、迁徙和繁衍，青藏铁路全线开创性地建立了33条野生动物通道。为了降低交通线路对动物迁徙和生息繁衍的影响，铁路设计者首先做的，是尽可能绕开野生动物活动的区域；其次，结合野生动物的生活习性，因地制宜，设立了桥梁下方、隧道上方及缓坡平交等3种形式的"生命通道"，这既保障了动物们的生活，又实现了铁路的贯通。

1 桥梁下方通道适合草原有蹄类动物通过。

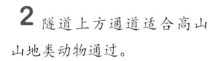

2 隧道上方通道适合高山山地类动物通过。

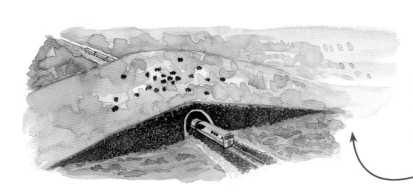

3 路基平交缓坡通道像"过街天桥"，适合岩羊、盘羊等喜欢攀登到高处观望后再通过的动物。

人兽冲突能缓解

　　通过多年来生态保护的宣传，以及三江源国家公园创建以来自上而下的实践与努力，如今，在这片神圣的雪域高原上，生态保护的观念已然深入人心。

　　生态管护员和森林警察合力帮助鹿角被铁丝网缠绕住的白唇鹿脱困。

　　牧民见到下山觅食被困的雪豹，便赶走围住它的牧羊犬，笑着目送它跃回雪山之上。

　　还有可可西里索南达杰保护站的"超级奶爸"们，年年岁岁地守护着野生动物们。

　　一些地方更是设有给棕熊补食的固定野外补食点……

大熊猫 国家公园

　　大熊猫国家公园，分布在四川、陕西和甘肃三省。这里有珍贵的野生大熊猫，还生活着川金丝猴、羚牛、珙桐、红豆杉等珍稀物种，是世界生物多样性热点区。

■ 原王朗国家级自然保护区／图片来源 视觉中国

大熊猫国家公园

受漫长残酷的冰河期的影响，加之气候变化和人类活动的破坏，野生大熊猫的栖息地变成一个个孤立的碎片。大熊猫国家公园的四川邛崃山—大相岭和小相岭片区、四川岷山片区、陕西秦岭片区和甘肃白水江片区等四大片区连通了不同种群的栖息地，像一条"熊猫生态走廊"，让大熊猫可以在一片完整、连续和更为广阔的天地里永续繁衍。

■ 日出太白山／图片来源 视觉中国

■ 黄龙雪宝顶雪山 / 图片来源 视觉中国

■ 邛崃山秋季风光／图片来源 视觉中国

大熊猫的家园

国家公园内的秦岭、岷山、邛崃山、大相岭、小相岭和凉山六大山系是野生大熊猫的庇护所，跌宕起伏的高山深谷和遮天蔽日的原始森林使得这片区域显得"与世隔绝"。

■ 原王朗国家级自然保护区 / 图片来源 视觉中国

古老物种的"庇护所"

　　由于地形地貌复杂、气候垂直分带明显，众多古老的物种在此幸存。不仅有"活化石"大熊猫等很多珍稀动物，还有许多"活化石"植物。正因为它们的存在，让这片土地显得"热闹非凡"。

◎绝佳的生命庇护所

◎天然的"基因库"

川金丝猴

白马鸡

独叶草

中华秋沙鸭

朱鹮

玉带海雕

羚牛

豹猫

林麝

云豹

斑尾榛鸡

大熊猫

小熊猫

"伞护种" 大熊猫

生物界的
"活化石"

　　大熊猫已经在地球上存在了 800 万年，在长期严酷的生存竞争和自然选择中，和它们同时代的很多动物都已灭绝，但大熊猫却顽强地生存至今，并保留了原有的古老特征。

　　大熊猫是国家公园内最挑剔的住客，它们对生存环境的需求很高，这些需求同时涵盖了其他物种的生存需求。那么当我们在保护大熊猫的时候，就像撑开了一把大伞，很多珍稀动物也得以在这把大大的"保护伞"下繁衍生息。所以，大熊猫不仅是"活化石"，也是典型的"**伞护种**"。

伞护种

　　不过，别看它们平时一副与世无争、温顺悠闲的样子，成年大熊猫可是几乎没有天敌的猛兽。虽然它们平常慢吞吞的，但在关键时刻，它们跑起来的时速可以达到 50 千米，比人类要快得多。它们有解剖刀般锋利的爪子和发达有力的前后肢，一巴掌能拍死一头野猪。

被庇护的动物们

国宝大熊猫

　　大熊猫体态丰腴、头圆尾短，圆圆的脸颊上有很大的黑眼圈。它的外表有利于让它隐蔽在密林的树上和积雪的地面，不易被天敌发现。除了憨态可掬的标志性内八字的行走方式，它们进化出的"伪拇指"也是一大特色，这让它们可以握着竹秆大吃特吃。

"非熊非猫"的小熊猫

　　小熊猫的体型比家猫略大，似熊非熊、似猫非猫，生性温驯，常在树上活动。

　　大熊猫属于熊科，而小熊猫属于小熊猫科，两者并无紧密联系。不过，小熊猫也主要以竹子为食，栖息地与大熊猫重叠。有趣的是，在1825年小熊猫先拥有了"Panda"（熊猫）这个名字。当1869年大熊猫被发现时，科学家们便将前者改称"Red Panda"（红熊猫）或"Lesser Panda"（小熊猫），称大熊猫为"Giant Panda"。

川金丝猴：金色皮毛的"美猴王"

我国特有的物种，它们的毛色在阳光下灿若金丝，异常美丽。川金丝猴智力高超，是一个喜欢群体生活的灵长类族群。

■ 秦岭的川金丝猴／图片来源 图虫创意

云豹：神秘的丛林攀爬高手

深色的云纹和斑点是云豹天然的伪装。它们大部分时间都待在树上，几乎与身体一样长的尾巴粗壮有力，能够帮助它们很好地保持身体平衡。

■ 树上的云豹／图片来源 图虫创意

金钱豹：独来独往

金钱豹是独居动物，有很强的领地性。大熊猫国家公园内的红外相机曾拍到过三只金钱豹"同框"的画面，十分罕见。

林麝：擅长"跑酷"的山间精灵

林麝能站立于树枝上，也能轻快敏捷地行走在险峻的悬崖峭壁上。

它们的嗅觉、视觉、听觉都非常敏锐，一有异动，立刻逃离。

羚牛：究竟是羊还是牛？

羚牛长着羊脸羊胡子，叫声也似羊，体型粗壮如牛。事实上，羚牛属于牛科羊亚科，是一种介于牛和羊之间的大型高山食草动物。

生态链接 🔗

所有的"羊"，其实都是"牛"。因为动物学分类里并没有"羊科"这样一个种属，它们全都是"牛科·羊亚科"的成员。

中国特有的大型鸟类

绿尾虹雉：高山之巅的彩虹

绿尾虹雉"衣品"一流，电光蓝、电光绿、红铜色，全身闪耀着彩虹般绚丽的金属光泽。

朱鹮：失而复得的珍贵物种

朱鹮曾广泛分布于东亚地区，但随着人类的捕杀和栖息地的不断丧失，朱鹮慢慢地从人们的视野里消失了。1981 年，中国鸟类专家在陕西省洋县发现了当时中国境内仅存的 7 只野生朱鹮，随即开展相关保护工作。经过 40 多年的努力，如今中国朱鹮总数已经超过 7000 只，全球约为 9000 只。

天然的植物"基因库"

从高耸参天的密林，低矮的灌木丛，再到匍匐贴地的矮小草本植物，大熊猫国家公园容纳了丰富的植物类型。

珙桐：花朵如白鸽飞舞

远远看过去，仿佛一群白鸽栖息枝头，展翅欲飞。走近了，你才会发现，那是珙桐开出的洁白素雅的花——难怪西方植物学家称它为"中国鸽子树"。

独叶草：世界上最孤独的草

独叶草起源于 6700 万年前，比大熊猫要早得多。它见证了喜马拉雅的造山运动，看着珠峰一点点成长为世界最高峰。

它们结构独特而原始，论花，只有一朵，数叶，也仅有一片，因此得名。

生态链接

子遗植物也叫作活化石植物，它们的起源久远，其中大部分已经因为地质、气候的变化而灭绝，只存在在很小的范围内。研究人员发现，这些植物的形状和在化石中发现的植物基本相同，也保留了其远古祖先的原始形状。

红豆杉：名副其实的"植物大熊猫"

红豆杉又称紫杉，在地球上已有250万年的历史。野生红豆杉生长速度缓慢，再生能力差，是国家重点保护野生植物。

竹子：大熊猫的最爱

竹林遍布整个大熊猫国家公园，它们生长在不同海拔的高山上和峡谷中。大熊猫常食用的竹子种类包括很多，冷箭竹、缺苞箭竹、实竹子、筇竹、箬竹、短锥玉山竹、糙花箭竹等都是它们的选择。

生态链接 🔗

不同片区的大熊猫会选择区域内营养价值最高的种类的竹子吃，而且还优先选择吃竹子营养价值最高的部位。认真看大熊猫的"吃播"，你会发现，它们采食的顺序为竹笋、嫩竹枝叶、竹秆。

拯救栖息地破碎化的小种群

大熊猫小种群

野生大熊猫的栖息地像一座座小岛，彼此孤立，野生大熊猫也因此被分割成 33 个种群。特别是其中还有 18 个大熊猫个体数量少于 10 只的小种群，一旦遇到地震、森林大火等天灾，小种群中的大熊猫将无处可逃，甚至会面临灭绝的危险。

大熊猫也爱串门

幸好，生态专家已经找到了解决这个难题的方法——建设大熊猫走廊带，让住在不同地方的大熊猫可以串门玩耍，"走亲"繁衍后代。

根据长期野外监测数据，研究人员采取措施，让公路绕行避让，减少区域内的人类活动。更在走廊带沿途种上了大熊猫爱吃的竹子、浆果，恢复它们喜爱的针阔混交林，力求把走廊带生态改造成大熊猫宜居的状态。

"人工产房"备受欢迎

　　野外自然条件恶劣，大熊猫妈妈们很难找到合适的洞穴产下幼崽，我们怎样才能帮助野生大熊猫舒适地"生娃带娃"呢？

　　2020年，大熊猫国家公园都江堰管护总站与大自然保护协会合作，开展了大熊猫野外产仔洞人工洞穴建设及后续红外相机监测项目。这些可爱的野生"滚滚"在野外也有"人工产房"啦！

　　在寒冷的冬季，这些人工洞穴也是四川羚牛、斑羚、林麝等野生动物的"庇护所"。

"熊脸识别" 野外大熊猫

在大熊猫栖息地，有一套带有"AI识别"技术的监测系统。早在2017年，公园管理局就借助海量存档照片训练机器提高识别野生动物的精确度，一旦有大熊猫经过，就会被拍下照片，识别出来。

借助"AI识别"技术，红外相机拍摄到了很多大熊猫野外生活的画面，这些画面通过监测系统实时传回，对建立野生大熊猫影像资料库帮助很大。国家公园面积大、环境复杂，管理起来很不容易，使用"熊脸识别"，能让野生动物保护变得更加系统、科学、精细和智能。

东北虎豹
国家公园

　　东北虎豹国家公园，地处吉林、黑龙江两省交界的老爷岭南部，大部分山体海拔在 1000 米以下，分布有我国境内数量最多、活动最频繁的野生东北虎、东北豹种群。

■ 园区最高峰老爷岭／图片来源 视觉中国

东北虎豹国家公园

　　东北虎豹国家公园处于亚洲温带针阔叶混交林生态系统的中心地带，区域内森林覆盖率在 90% 以上，自然景观壮丽而秀美。

林下花海绚烂

■ 东北虎豹国家公园核心区——暖泉河林场／图片来源 视觉中国

雪原气势磅礴

■ 美丽的冬日老爷岭 / 图片来源 视觉中国

保护虎豹，跨国行动

东北虎豹国家公园与相邻的俄罗斯豹地国家公园构建了跨国合作保护平台，在虎、豹跨境活动研究、中俄联合监测、科学研究数据共享、技术经验交流等方面开展深入合作，推动跨国界保护地的建设。

万山层林尽染

老爷岭红叶谷／图片来源 视觉中国

林间绿涛阵阵

■ 东北虎豹国家公园核心区——暖泉河林场 / 图片来源 视觉中国

　　东北虎豹国家公园内山峦起伏、沟壑纵横，河流及湿地密布，水草茂盛。茫茫的林海和充沛的水源为鸟类、两栖动物和鱼类提供了良好的生存基础。

■ 吉林省珲春市大荒沟林场魅力溪谷山间瀑布 / 图片来源 图虫创意

东北虎豹，生态系统健康和完整的晴雨表

东北虎、东北豹高踞自然生态系统的食物链顶端，可谓名副其实的"王者"。据估算，要想维系 1 只成年东北虎长期生存，每年需要约 500 只大中型食草动物的种群基数；而 500 只大中型食草动物每年需要消耗大量植物资源，因此需要良好的植被和健康完整的生态系统来支撑。

东北虎、东北豹的领地可达数百平方公里，而且领地大小与食物的丰富程度密切相关——在生态保护较好的区域，猎物多，需要的领地小；而在保护不好的地方，猎物数量少，需要的领地面积就大大增加。

■ 东北虎／图片来源 视觉中国

■ 东北豹／图片来源 图虫创意

可见，保持野生东北虎、东北豹种群的长期生存，不仅要有面积足够大的连通栖息地，还需要有健康的植被结构、丰富的生物多样性和完整的食物链，以及不受干扰的繁衍环境。

因此，虎豹保护从来不只是保护虎豹，而是提升整个森林生态系统的质量。

虎啸山林，豹跃青川

"百兽之王"东北虎

东北虎是所有虎亚种中体形最大、最威猛的，也是世界上现存最大的肉食性猫科动物。

东北虎感官敏锐、性情凶猛、行动迅捷，并且擅长游泳。它们是丛林里所向无敌的顶级猎手。它们主要捕食马鹿、野猪和狍子等有蹄类动物，有时也会捕食黑熊，上演惊人的丛林大战。

东北虎头大而圆，气势非凡，前额的"王"字也非常明显。

成年东北虎体重约为 170 ～ 250 千克，庞大健硕的身躯威猛又灵活。

尾巴长达 1 米，头尾最长可达 2.9 米。

每只老虎身上的条纹都不相同，如同人的指纹。

尖利的爪子足以给对手致命一击。

东北丛林的"二大王"东北豹

东北豹是分布区域最北、种群数量最小的豹亚种，是世界濒危猫科动物之一。

东北豹动作敏捷、擅长爬树，有和东北虎差不多长的尾巴。有时它们会蛰伏在树上，待猎物毫无防备时出击。

东北豹不仅擅长爬树，还力量惊人，它们能够将超出自身体重两倍的猎物拖上树，用一种独特方式保存食物——将猎物高高悬挂在树上，这样猎物既不易腐烂，也不会轻易被其他动物抢去。

东北豹体重约60～100千克，简直是小版的老虎。

它们的瞳孔在白日强光的照射下收缩为圆形，在黑夜眼睛则炯炯有神，目光如炬地洞察周围的一切。

这身皮毛让东北豹能完美地隐匿在浓密的树丛、灌丛中。

"王者"归来

东北虎豹国家公园管理局最新数据显示：野生东北虎大约有 50 只，野生东北豹大约有 60 只。

虎、豹关键栖息地的完整性和少数路线的畅通性得到保证，有关东北虎豹跨境迁徙和在中国繁殖的报道也越来越频繁。

2012 ～ 2014 年监测数据显示：野生东北虎已增加至 27 只，野生东北豹增加至 42 只。

1998 ～ 1999 年调查显示：中国境内仅存野生东北虎 12 ～ 16 只、野生东北豹 7 ～ 12 只。

在中国东北地区，野生东北虎在历史上曾达到了"众山皆有之"的盛况。

东北虎豹国家公园体制试点以来，东北虎、东北豹的栖息地不断扩大，生态环境逐步改善，野生种群得到恢复，"森林之王"重现东北。

2015年吉林省取消规划中的高速公路，改造高铁路线。

保护天然林等重大工程的实施，建设自然保护区，禁止野生动物狩猎和森林采伐。

过度采伐森林，开垦土地，开矿采矿，偷猎盗猎。

东北虎豹国家公园

禁止鸣笛

北半球温带基因库

物种基因库

天然博物馆

东北虎

东北豹

棕熊

豹猫

紫貂

黄鼬

黑熊

猞猁

黄喉貂

在更新世冰期和人类活动的影响下，中国东北温带针阔混交林成为大量物种的避难所，众多的野生动植物在这片富饶的温带森林生态系统中繁衍生息。

林海生灵

这里保存了东北温带森林完整而典型的野生动物种群，具有中国境内极为罕见的、由大型到中小型兽类构成的完整食物链。

水生动物

东北虎豹国家公园内丰沛的水资源孕育了多样的淡水鱼类资源。一些鱼类如滩头鱼、大马哈鱼、细鳞鲑在河流中出生，在海水中成长，等到它们性成熟时，它们会日夜兼程重返淡水河川产卵，繁衍后代。洄游时，群鱼"逆流而上"，场面蔚为壮观。

四种"大猫"的契约

除了东北虎、东北豹，公园内还生活着另外两种猫科动物：猞猁和豹猫。

东北豹

东北虎

猞猁

豹猫

猞猁体形似猫而远大于猫，身体粗壮，尾巴极短，耳朵尖上竖着一簇黑毛，视觉敏锐。

豹猫的体形跟家猫差不多，模样虽萌，可它们也是凶悍的、极具野性的。

虽然猞猁和豹猫的体形远远小于东北虎和东北豹，但它们也是熟练的捕食者。它们可以捕食小型哺乳动物，也可以腾空捕捉鸟类，甚至还能捕食比它们体形大的猎物。它们能在虎、豹的势力范围下隐忍地活着。这四种猫科动物的食物虽然有相同，但也有不同，而且捕食时间、空间有差异，各自占据不同的生态位，仿佛达成了某种契约，在这片广袤的土地上和平共处。

紫貂：拥有美丽皮毛的林海精灵

紫貂跟家猫差不多大，它拥有柔软修长的身材，油亮的毛皮，乌黑的眼珠和毛茸茸的大耳朵，看起来呆萌可爱。它们的前后肢均有五趾，能灵巧地在树林中攀爬腾跃。

■ 紫貂／图片来源 图虫创意

梅花鹿：满身小花，角如树枝

它们鲜亮的红棕色皮毛上散布着白色斑点，形似梅花。梅花鹿大部分时间结群活动，擅长奔跑跳跃。雄鹿出生第二年开始长角，每过一年鹿角增加一叉，直到五岁后分四叉为止。

■ 梅花鹿／图片来源 图虫创意

獐：像兔子般跳跃前进的鹿

它们被认为是最原始的鹿科动物，有獠牙，却没有鹿角。獐喜欢在河岸、湖边等潮湿地或沼泽地的芦苇中生活，生性胆小，总是直立着两耳灵敏地捕捉一切信息。它们的后腿较前腿长，所以受惊时，会像兔子一样蹿跳式狂奔。

丹顶鹤：象征长寿、吉祥、高雅的仙鹤

"晴空一鹤排云上，便引诗情到碧霄"，古诗词里的仙鹤便是丹顶鹤了。丹顶鹤嘴长、颈长、腿长，身形舒展、姿态优雅，无论是振翅翱翔还是水中漫步都十分闲适自得，鸣声也嘹亮清越，充满遗世独立的"仙"韵。

狍："傻狍子"其实一点都不傻

狍生性机敏，听觉、嗅觉都很灵敏，它们的好奇心也很强，因此会走到人类活动的区域。逃跑后，狍子习惯于停下来观察是否可以解除警报。受到威胁时，它们会翘起尾巴、露出白色的屁股，这是为了迷惑敌人，并给同伴发出紧急信号。

狍和獐最明显的区别是狍没有獠牙，且雄性狍子有角。

茫茫林海

茫茫无际的林海、肥沃的森林环境、纵横交错的水流……这里保存着丰富的温带森林植物物种，有种类众多的裸子植物、被子植物、蕨类、苔藓、地衣和真菌。

水曲柳：并非柳树

虽有"柳"之名，但它们其实是木樨科梣属植物。水曲柳生长在山坡疏林中或河谷平缓的山地，树干高大通直，弦切面上的花纹如同石头扔进水中时荡起的波纹，由此得名"水曲柳"。

钻天柳：北方大地的一抹艳红

钻天柳生活在北方的河溪旁，枝干挺立向上，而且枝条还会变色——秋季开始变为枣红或粉红色，在冬日的白雪中尤为艳丽夺目。

长白山特有树种

长白松：风姿绰约的罕见"美人"

长白松有橘黄色的树干，总向高处伸展丰满多姿的树冠。它们高可达 30 米，占据着最高林冠层，犹如被绿色林海衬托着的美人挺拔的身姿，因此又被称为"美人松"。

红松：东北森林的顶级乔木

高大的乔木是森林的灵魂，它们为飞禽走兽提供藏身的洞穴和筑巢的枝丫，为林间生灵提供丰富多样的食物，甚至还能营造出一个截然不同的小气候。红松是东北森林的顶级乔木，参天巨木郁郁葱葱，树干笔直挺拔，枝条苍劲有力。

■ 红松林／图片来源 视觉中国

巾帼巡护队

　　东北虎豹国家公园自试点以来，不少当地人加入巡护队，成了野生动物保护者。他们定期巡山，清理钢丝套、兽夹等捕猎工具，多次协助抓获违法盗猎人员。

　　其中，有一支特殊的巡护队，队员都是"80后""90后"女性。队员们一次巡山下来要走几万步，在夏季全身汗水湿透，在冬季还需要冒着严寒在积雪里跋涉，为野生动物补充食料。

她们对山里的地形了如指掌，看看动物的脚印，就能确定区域内野生动物的数量和它们的主要活动范围。清除非法盗猎的猎套陷阱也是巡护队的重要工作。掰猎套的次数多了，女队员的手上都长了一层茧子。

最让她们兴奋的事莫过于查看固定点位的监测相机，每当看到画面上东北虎悠然地散步，或是看到可爱的鹿群，队员们觉得再累也值了。

"天空地"一体化监测系统

　　过去在森林里"通信靠吼，交通靠走，防寒靠抖"，跑断腿也不一定能见上虎、豹一面，而现在依靠"天空地"一体化监测系统，就能轻松获得虎、豹等动物的影像。"天地空"一体化监测系统已安装可实时传输的无线红外相机等野外监测终端 2 万余台，共实时传输和识别东北虎、东北豹影像超过 3 万次。这套一体化监测系统产生的海量的监测数据，将为下一步东北虎豹国家公园周边社区开展自然教育、休闲体验等活动提供丰富的资源，为当地转型发展生态旅游等可持续性产业提供强大助力。此外，园区内有 60 多个"天地空"一体化监测系统的基站天线安装在了已有的林业防火观测塔上，这样不仅节省了大量资金，而且可以最大程度保护植被。同时，这个系统也搭载和集成了防火电子眼，可以实现全天候无人智能值守。

海南
热带雨林
国家公园

海南热带雨林国家公园位于海南岛中南部，这里属于热带雨林和季风常绿阔叶林的交错地带。海南热带雨林是中国分布最集中、保存最完好、连片面积最大的热带雨林。

■ 黄昏时的五指山／图片来源 视觉中国

公园宝藏

海南的自然珍藏——热带雨林

■ 冬日里的吊罗山雨林／图片来源 视觉中国

　　海南靠近西太平洋的暖流，孕育出一片同纬度之间独具特色的岛屿型热带雨林生态系统。

千姿百态的雨林风貌 🌴

　　海南热带雨林国家公园是海南岛的生态制高点，是全岛森林资源最为富集的区域。热带山地层叠蜿蜒、奇特秀美，热带雨林喧嚣繁茂、生机勃勃。

■ 吊罗山间的溪水／图片来源 视觉中国

高大的乔木遮天蔽日，附生植物生长于高空，藤本植物不遗余力地缠绕万物……与之相伴的是随处可见可听的彩蝶翩翩、鸟鸣啾啾、流水淙淙。

■ 尖峰岭的雨林植物／图片来源 视觉中国

■ 尖峰岭的雨林植物／图片来源 视觉中国

■ 五指山的雨林植物／图片来源 视觉中国

海南屋脊

　　海南热带雨林国家公园位于海南岛中南部的穹窿构造山区，热带雨林主要以中部地区的五指山、鹦哥岭为中心，向四周的吊罗山、尖峰岭、黎母山等区域辐射。其中五指山的海拔最高，被称为"海南屋脊"。

■ 五指山／图片来源 视觉中国

◀ 鹦哥岭

吊罗山 ▶

◀ 黎母山

▲ 尖峰岭

海南水塔

　　南渡江、昌化江、万泉河是海南岛的三大河流，均发源于海南热带雨林国家公园内。三大河流的流域面积广阔，它们一起调节气候，输送清凉，让海南中部成为"热岛凉山"，是名副其实的"海南水塔"。

■ 昌化江／图片来源 视觉中国

三条江水奔流不息，
飞瀑洁白如练，
溪水涓涓流淌。

■ 南渡江／图片来源 视觉中国

■ 万泉河／图片来源 视觉中国

热带物种资源库 🌴

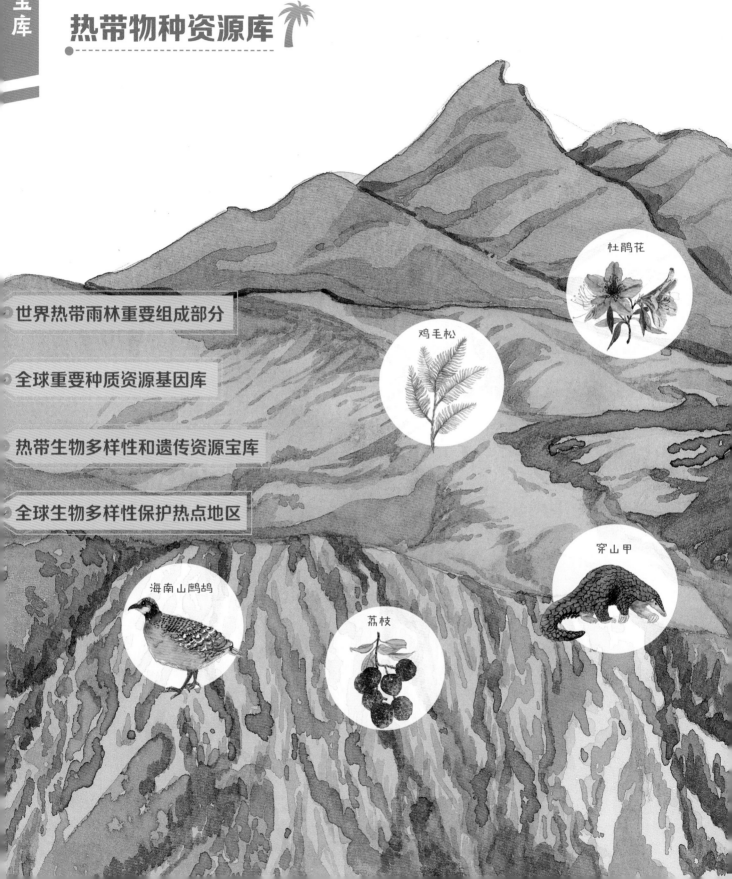

- 世界热带雨林重要组成部分

- 全球重要种质资源基因库

- 热带生物多样性和遗传资源宝库

- 全球生物多样性保护热点地区

杜鹃花

鸡毛松

穿山甲

海南山鹧鸪

荔枝

华南五针松

海南长臂猿

海南孔雀雉

海南坡鹿

圆鼻巨蜥

特殊物种的天堂

　　热带雨林是地球上生物多样性最丰富的生态系统。海南热带雨林国家公园拥有种类众多的两栖类、爬行类、鸟类和兽类，是名副其实的物种天堂。特殊的地形、气候和植被群落为一些分布区域狭窄、生活环境特殊的动物提供了良好的栖息环境。

海南长臂猿："雨林歌王"

　　海南长臂猿是这里特有的灵长类动物，是海南岛真正的"原住居民"，也是海南热带雨林生态系统完整性和原真性的指示物种和风向标，目前仅分布在霸王岭片区。它们的数量比大熊猫还要稀少，是全球濒危灵长类物种之一。

　　海南长臂猿有着"瓜子脸"，头上长有一顶"黑帽"，它们在五六岁时全身黑色，七八岁成年后，雌性海南长臂猿毛色会变成金黄色，温柔美丽，而雄性海南长臂猿毛色依然全黑，低调沉稳。

■ 金色脸颊的长臂猿／图片来源 图虫创意

它们喜热畏寒，栖息在浓密的树冠部分，极少下地。每天清晨，海南长臂猿会以啼叫来标记领地。

雄性海南长臂猿的声音高亢清亮，雌性海南长臂猿的声音短促活泼，在晨雾笼罩的雨林中如同悠扬动听的二重奏，因此它们也被誉为**"雨林歌王"**。

海南长臂猿／图片来源 视觉中国

海南山鹧鸪：色彩斑斓的海南特有鸟类

　　海南山鹧鸪是中国特有的物种，仅分布于海南岛。

　　它们常常成对或结成四五只的小群，栖息在海拔较低的山地和丘陵地带。

海南孔雀雉：孔雀的"迷你版"

　　海南孔雀雉是海南特有的鸟类，体型比孔雀小。它们会飞却很少飞行，白天在地面觅食，夜晚栖息在树枝上。

绯胸鹦鹉：绿羽红胸的罕见鸟类

绯胸鹦鹉是海南唯一的野生热带鹦鹉。近年来，它们唯一确认的被发现的地点记录是在海南热带雨林国家公园的鹦哥岭片区。

鸟如其名，它们有粉红色的胸部，背部与双翼则是不同色调的绿色，尾羽则为蓝色，浑身的色彩搭配相得益彰，鲜亮美丽。

海南兔：海南特有的萌萌小兔子

棕黑色的柔软背毛，乳白色的腹部，眼眶周围一圈白色，体长不到 40 厘米，小脑袋上竖着两只机警的长耳朵——海南兔真是太可爱了，性情也十分温驯。它们是中国特有物种，仅生活在海南。

神秘的植物王国

19世纪，英国博物学家华莱士在雨林中考察时，曾感慨道："一个旅行家要想在一片热带雨林里找到两株属于同种的树木，简直就是徒劳。"热带雨林植物的多样性由此可见一斑。

热带雨林是公认的植物王国，充满了神秘而未知的色彩。自2005年以来，在海南热带雨林中，植物新种不断被发现，至今仍然存在大量我们未知的植物新物种，包括大量珍稀、濒危的类群。

海南苏铁：植物界的活化石

海南苏铁是一种古老的植物，植物学家曾说："但凡有野生苏铁存在的地方，就有远古地貌的遗迹。"它四季浓绿，生长缓慢，寿命约200年。有个成语叫"铁树开花"，说的是铁树很难开花，但在中国南方热带地区，树龄在10年以上的苏铁几乎每年开"花"。但此"花"非彼花，而是苏铁的大、小孢子叶球。

坡垒：带着天然香味的珍贵乔木

这种高大的乔木喜欢炎热、静风、湿润的环境。坡垒的材质居海南树种之冠，厚重坚硬、结构致密、纹理美观；树脂中含丰富的古芸香脂，芳香经久不散，是名贵的香料。

桫椤：恐龙的食物

恐龙早已灭绝，但恐龙的食物——桫椤却仍然存在于海南的热带雨林中。在自然环境中，桫椤甚至可以长到 20 米高，桫椤的叶片是由许多小叶片构成的，大型羽状复叶集中簇生在茎的顶端，形成一把绿色的伞，可以在充满竞争的热带雨林中博得一片阳光。

海南蝴蝶兰：根也会进行光合作用的兰花

海南蝴蝶兰是海南地区的特有物种，喜欢生活在石灰岩的山顶矮林中。它的花如张开翅膀的蝴蝶，花期在 7 月。它的根是绿色的，紧贴在树干上，能进行光合作用。它在开花的同时落叶，可以通过根进行光合作用，获得整株植物生长所需的养分。

雨林奇观

海南热带雨林国家公园犹如一座巨大的热带雨林资源"博物馆"，漫步其中，能看见不少雨林特有的植物奇观。

藤缠树：

藤本植物为了接触到更多阳光，在乔木上缠绕、攀爬，它们的根也渐渐钻入乔木底部，与乔木争抢养分和水分。它们越来越茂盛，而乔木则因营养和水分不足而死去。

■ 藤缠树／图片来源 视觉中国

空中花园：

为了争取更多的生存空间，许多植物选择在高大的树木上附生，它们开出的五彩斑斓的花朵构成了悬浮在森林中上层的"空中花园"。

■ 空中花园／图片来源 视觉中国

■ 老茎生花／图片来源 视觉中国

老茎生花：

一些无法去雨林上层争夺阳光的植物也有自己的生存之道，它们会在老枝上开花。因为在那里花朵更容易被昆虫授粉，粗壮的老枝也更能承受果实的重压。

板根、根抱石：

有些乔木受不了热带雨林土壤中过多的水分，于是让根钻出了地面。这些发达的根系长期裸露在外，形成板状，一些较大的板根可高达十多米高，延伸十多米宽，形成巨大的侧翼，甚至包裹着大石块，十分壮观。

■ 根抱石／图片来源 视觉中国

■ 木质藤本／图片来源 视觉中国

木质藤本：

有些缠绕在大树上的藤本植物的茎在成长过程中会木质化，变成了木质藤本。

修复雨林生态 🌴

从 20 世纪 60 年代以来，人们在海南地区相继建立各类自然保护地，保护和恢复热带雨林生态系统，开启了长达数十年的护猿守林行动。

多年来对生态保护的重视，使得海南热带天然林的面积逐步恢复，动植物种群也日益增加。如今，在这片葱郁的林海中，我们能听见长臂猿在树冠啼叫的悦耳声音，看见坡鹿跳跃奔跑的身影……

海南长臂猿的"专用桥"

海南长臂猿喜欢在树冠之间"荡秋千"，为了让它们生活得更自由，生活区域更广阔，2015 年，人们用攀山级别的绳索为长臂猿架设起第一座绳桥，帮助它们在两个被 15 米宽的浅沟隔开的生活区域之间移动。

最初，海南长臂猿对于这些新出现的绳索颇为犹豫，在绳桥建成后的第 176 天，它们终于鼓起勇气使用绳桥，来往于树冠间。如今，更多的绳桥串联起海南长臂猿的天地，人们还种下了成片本土树苗和海南长臂猿喜食树种，目前树木高度已足够海南长臂猿活动。

海南长臂猿的家园"防护网"

怎样做才能既保护热带雨林中珍稀动植物的安全，又不打扰它们的生活呢？人们为这里编织起一张纵横交错的监测防护网——"电子围栏"监测系统。"电子围栏"通过红外线热感应触发相机、卡口监控相机、振动光纤与传感器等多种电子设备进行监测，更有可以将海南长臂猿发出的声音记录下来并实时回传的声学监测设备，帮助人们更快地搜集储存声音信息，在 AI 科技的帮助下，实现"猿声"翻译。

森林里面宝藏多 🌴

海南岛的热带雨林资源非常丰富，不砍树，不捕猎，不用破坏生态，热带雨林里就有"金山银山"。

热带雨林孕育了区域性特有的珍稀动植物资源，有很多动植物适合在天然林下荫蔽的环境中生长。人们开始尝试在天然林下种植灵芝、肉豆蔻、益智等药材或其他经济作物，发展蜜蜂、蚕、七彩山鸡等不破坏天然林资源的养殖业。

现在的天然林下，经常可以见到一茬茬排列整齐的药材、一群群色彩鲜艳的山鸡，人们的生活也日益富足，"生态饭"让大自然和人类都过上了好日子。

武夷山
国家公园

武夷山国家公园地跨福建、江西两省。它既是我国首批国家公园之一，又是世界人与生物圈保护区，还是世界文化与自然双遗产的国家公园，遍览中国，兼具这三重身份的地方只此一处。

■ 云海中的武夷山／图片来源 视觉中国

同纬度带上的"生命绿洲"

武夷山绵延的丘陵和高耸的山脉犹如一道天然屏障，截留了自海上而来的东南海洋季风，为这里留住了温度与降水，让这里保存了世界同纬度地带最完整、最典型、面积最大的中亚热带原生性森林生态系统，让这里成为一片生命绿洲。

碧水丹山千万重

武夷山脉矗立于中国大地的东南部，绵延千里，山脉北段汇集了上百座海拔 1000 米以上的高峰，主峰黄岗山以约 2160.8 米的海拔，成为中国东南大陆最高峰，被誉为"华东屋脊"。

■ 日落黄岗山／图片来源 视觉中国

　　黄岗山下的武夷山大峡谷云雾缭绕，山谷雄奇，蕴藏着无限生机。九曲溪蜿蜒于群峰之间，与历经千万年风雨雕琢而成的红色丹霞山岩崖壁共同绘制出"碧水丹山"的美丽画卷。

武夷山水天下奇，
千峰万壑皆如画。

碧水——"三弯九曲"九曲溪

◎ 三仰峰

● 七曲

● 八曲

● 九曲

◎ 齐云峰

● 五曲

◎ 武夷精舍

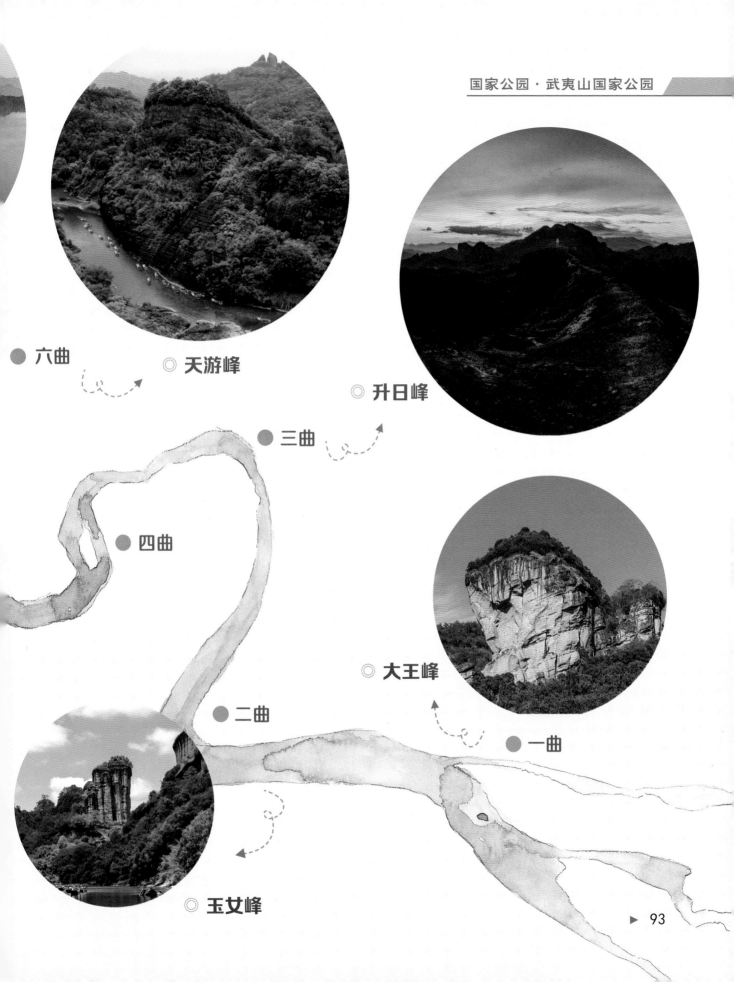

● 六曲

◎ **天游峰**

◎ **升日峰**

● 三曲

● 四曲

◎ **大王峰**

● 二曲

● 一曲

◎ **玉女峰**

丹山——丹霞壁立映朝阳

■ 武夷山的丹霞地貌之悬崖 / 图片来源 图虫创意

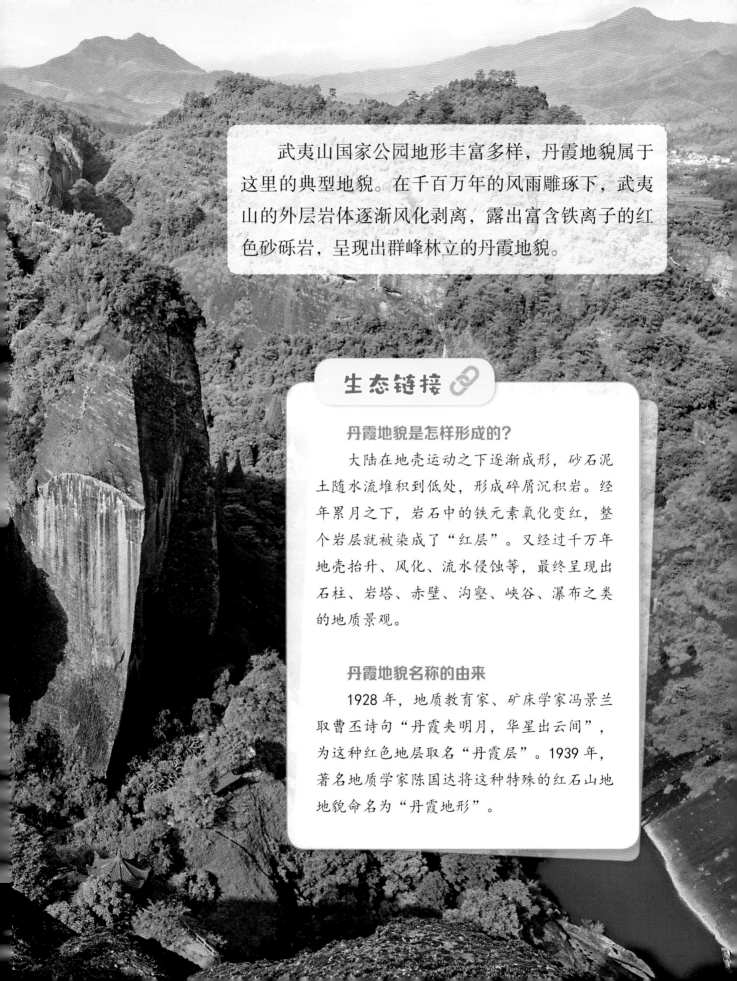

武夷山国家公园地形丰富多样，丹霞地貌属于这里的典型地貌。在千百万年的风雨雕琢下，武夷山的外层岩体逐渐风化剥离，露出富含铁离子的红色砂砾岩，呈现出群峰林立的丹霞地貌。

生态链接 🔗

丹霞地貌是怎样形成的？

大陆在地壳运动之下逐渐成形，砂石泥土随水流堆积到低处，形成碎屑沉积岩。经年累月之下，岩石中的铁元素氧化变红，整个岩层就被染成了"红层"。又经过千万年地壳抬升、风化、流水侵蚀等，最终呈现出石柱、岩塔、赤壁、沟壑、峡谷、瀑布之类的地质景观。

丹霞地貌名称的由来

1928 年，地质教育家、矿床学家冯景兰取曹丕诗句"丹霞夹明月，华星出云间"，为这种红色地层取名"丹霞层"。1939 年，著名地质学家陈国达将这种特殊的红石山地地貌命名为"丹霞地形"。

东南物种宝库

- 鸟的天堂
- 蛇的王国
- 昆虫的世界
- 研究亚洲两栖爬行动物的钥匙
- 东南动植物宝库
- 世界生物模式标本产地

白腿小隼

白鹇

金斑喙凤蝶

南方铁杉

黑麂

黄山松

樟树

黄腹角雉

黄山木兰

庞大的动物家族

武夷山国家公园是中国具有全球意义的陆地生物多样性保护关键地区之一，是中国单位面积上野生动物种类最为丰富的地区之一，堪称天然动物园。

鸟的天堂

黄腹角雉：呆头呆脑的"懒鸟"

黄腹角雉是我国特产的濒危雉类，它能不飞就不飞，遇上危险也不着急逃跑，总要先东张西望一番，实在来不及了，就一头扎进灌木丛里，慌张起来，连身子尾巴还露在外面也顾不上。不过，黄腹角雉妈妈非常护雏，在危险来临时也不会离开巢，会用身体保护它的宝宝们。

■ 黄腹角雉／图片来源 视觉中国

白颈长尾雉：深藏不露的"隐士"

白颈长尾雉是中国特有的物种，美丽却生性胆怯，因此也格外机警，想见它们一面，那可是相当、相当不容易。

■ 白颈长尾雉／图片来源 视觉中国

白鹇：洁白优雅的"林中仙子"

唐代大诗人李白曾写下诗句："白鹇白如锦，白雪耻容颜。"说它们洁白亮泽的羽毛仿佛锦缎一般美丽，就连白雪在它们面前也要自愧不如。

■ 白鹇／图片来源 视觉中国

白腿小隼：最小的猛禽

别看模样萌萌的挺可爱，它们可是一种猛禽。虽然个头很小，它们却能捕捉小鸟、鼠类和昆虫作为食物。

生态链接

爱美的雄鸟

在鸟类的世界里，更"爱美"的多半是雄鸟。有着绚丽大"尾巴"会开屏的是雄孔雀，拖着雪白长尾羽的是雄白鹇，有漂亮长尾羽和五彩羽毛的是雄白颈长尾雉。相反，这几种雌鸟看起来都灰扑扑的。

雄鸟似乎需要绚丽的外表来吸引雌鸟，获取它们的欢心，其实，这是因为绚丽的毛色意味着身强体健，能够孕育出更强壮的后代，这样的雄鸟自然更能得到雌鸟的喜爱。至于雌鸟，灰暗的羽毛更有利于隐蔽，方便它们自保和保护雏鸟。这一切都是大自然为了物种生存、进化而定下的规则。

研究亚洲两栖爬行动物的钥匙

崇安髭蟾：武夷特产

顾名思义，所谓"髭蟾"，自然是要有胡子的。每到交配季，雄蟾的上颌边缘就会长出一圈黑刺，用来跟竞争者打斗。等到成功赢得配偶，完成产卵之后，刺没了用处，才自然脱落。

它们是中国特有的珍稀蛙类，别名"角怪"，生活在海拔 1000 米左右的溪涧周围。

武夷林蛙：蛇口夺蛙

武夷林蛙是研究员从蛇嘴里发现的新物种。2021 年，正在武夷山国家公园进行物种调查的专家偶然看到一条福建竹叶青蛇在捕食林蛙。专家蛇口夺蛙，将它带回比对检测，就这样，发现了这个从未被记录过的新物种。

除此之外，这里还有……

金斑喙凤蝶：中国"国蝶"

金斑喙凤蝶是中国唯一的蝶类国家一级保护动物，原产地之一就在武夷山。

黑麂："中国蓬头兽"

"蓬头麂"的名号，来自它们眼睛后面额上的长毛，一大簇蓬蓬松松，常常把两只短角都给遮住了，可不就是蓬头吗？

赤麂：孤独、胆小又恋家的大个头

如果你在野林子里听到类似狗叫的声音，说不定就是有赤麂受到了惊吓。它们通体棕红，个头很大，胆子却很小，总是小心翼翼地独自行动，但无论跑出多远，最后一定会回到自己最熟悉的"家"附近。

东南植物宝库

武夷山国家公园的植被类型几乎囊括了中国中亚热带地区所有植被类型，将原本应该分散于各地的景观浓缩于一山之上，仿佛一个巨大的微缩天然盆景。

目前，武夷山国家公园内记录在册的高等植物就有两千多种，其中包括银杏、南方铁杉、鹅掌楸、钟萼木、天女花、香榧等多种古老植物，更有一片面积约 15.6 平方千米的南方铁杉群，十分珍贵。

钟萼木：穿越冰川纪而来的国宝级植物

在武夷山常绿阔叶林的庇护下，钟萼木逃过了第四纪冰川的侵蚀，跨越 300 万年，它的几株珍贵树种留在了今天的武夷山国家公园里。它又名"伯乐树"，生长速度缓慢，高可达 20 米，树龄为 40～50 年。

南方红豆杉：命运多舛的珍宝植物

南方红豆杉是国家一级重点保护野生植物，为优良珍贵树种。它的树形优美，材质坚硬，是优秀的木材，还具有珍贵的药用价值。但是它们的数量曾经非常稀少，濒临灭绝。近年来人们加大了保护力度，努力让这些美丽的树木成为山林中寻常的一员。

兰花：生存进化的智者

武夷山国家公园内的兰科植物种类非常丰富，其中宽距兰、多花宽距兰等为中国新记录种。它们用鲜艳的颜色和香甜的蜜吸引昆虫在花朵中钻进钻出，帮助它们完成异花授粉，完美实现"优生优育"。

▲ 寒兰

南方铁杉：第三纪的"幸存者"

南方铁杉是中国特有的第三纪孑遗种，起源古老，如今是国家三级保护渐危种。武夷山南方铁杉群落的发现，对于科学家研究第四纪冰川残存的物种多样性和地质气候历史变迁等都有重大意义。

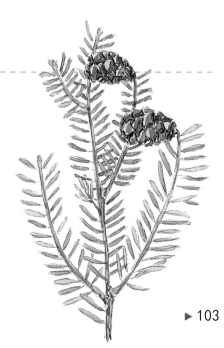

从红茶发源地到生态茶园

　　武夷山是红茶和乌龙茶的故乡，著名的"大红袍"和"正山小种"就是从这里走向世界的。武夷茶历史悠久，大约在西汉时期开始扬名，到了唐代元和年间，武夷茶的别名有了最早的文字记载。在元代，朝廷为了监制贡茶，在武夷山设置了"御茶园"，武夷茶从此正式成为贡茶。17世纪，武夷红茶走出国门，漂洋过海，来到欧洲，在英国皇室的引领下，红茶文化风靡欧洲。

大红袍

英式红茶

如果说九龙窠谷底北面峭壁上的"大红袍"老茶树代表着武夷茶文化的历史，那么，燕子窠和坳头村的生态茶园或许就代表着武夷茶的今天和未来。

在生态茶园里，不但有满园苍翠的茶树，还散布着数千株樱花树、银杏树，更有金黄的油菜花或紫红的紫云英在阳光下成片绽放。这是人们在武夷山国家公园的创新探索，将"茶、林、草"融为一体，让茶园生态更立体、更平衡，为茶树建造出更美好的"家"。

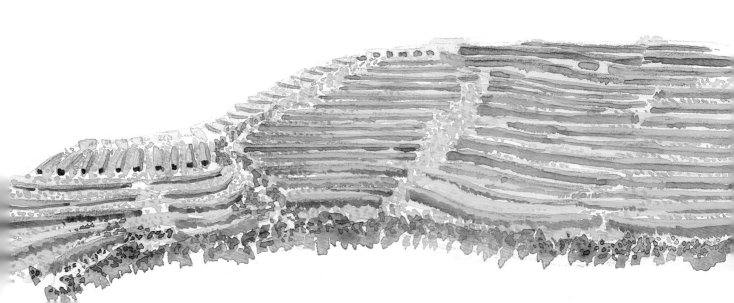

武夷山的"智慧大脑"

　　1280平方千米的大山里每天都在发生着什么？哪一条山溪涨了水？哪一片坡上多了一群鸟安家？哪一片林子突然黄了、秃了？哪一道垭口进出的车和人特别多？又或者，哪一家茶园偷偷多占了一片野地去种茶？哪里冒出了奇怪的烟？会不会是着了火……

　　这一切，若是只靠护林员以双脚巡山，用肉眼观察，显然难以看顾周全，也不可能确保随时随地发现问题。如今的武夷山国家公园却能做到，这多亏人们为它装上了一颗"智慧大脑"——智慧管理中心。

　　无人机、卫星遥感是管理中心的腿和眼，互联网、物联网是它的神经系统。"腿"和"眼"勤劳地巡查着国家公园的每一处角落，将搜集到的信息通过"神经系统"传送给"大脑"，"大脑"综合分析信息，得出结论，必要时发出指令指挥"腿"和"眼"完成任务。

■ 燕子窠生态茶园航拍图／图片来源 视觉中国